Ueber die

Vortheile der Anwendung hoch erhitzter Luft

für die

Verbrennung im Allgemeinen,

sowie im Besonderen

in Bezug auf die Verbrennung von Leichen und die Zerstörung organischer Ueberreste.

Von

Friedrich Siemens,

Civil-Ingenieur und Glashütten-Besitzer, Ritter des K. S. Verdienstordens I. Kl.

Zweite Auflage.

Mit in den Text gedruckten Abbildungen.

Springer-Verlag Berlin Heidelberg GmbH 1887

Vortrag,

gehalten im Vortragspavillon der Allgemeinen Deutschen Ausstellung auf dem Gebiete der Hygiene und des Rettungswesens am 11. September 1883.

ISBN 978-3-662-31811-9 ISBN 978-3-662-32637-4 (eBook)
DOI 10.1007/978-3-662-32637-4

Die Wirkung der Vorwärmung mancher Gasarten, namentlich der Luft, ist auf technischem Gebiete als höchst nutzbringend und fördernd allseitig anerkannt. Durch dasselbe Mittel sind auch bereits namhafte hygienische Erfolge erzielt; aber erst der Zukunft wird es vorbehalten bleiben, den vollen Werth des Vorwärmungsprinzipes für hygienische Zwecke festzustellen und nutzbar zu machen.

Viele neuere hüttenmännische Verfahren und technische Fortschritte beruhen auf einer möglichst hohen Vorwärmung der zur Verbrennung geführten Luft und auch anderer dabei verwendeter Gase. Man bedient sich dazu vorzugsweise des von mir und meinem Bruder Wilhelm konstruirten **Regenerativ-Gasofens** oder doch der demselben zu Grunde liegenden eigenthümlichen Methode der Vorwärmung. Dieser Ofen hat in der Hauptsache erst die Mittel an die Hand gegeben, eine wirklich effektive Vorwärmung auf billige und praktische Weise zu ermöglichen und bildet derselbe deshalb auch die Grundlage fast aller auf die Anwendung von heisser Luft und anderer hocherhitzter oder überhitzter Gasarten angewiesenen Verfahren.

Thatsächlich erweitert sich der Anwendungskreis für die hoch erhitzte Luft, Brenngas, Leuchtgas und des überhitzten Wasserdampfes u. s. w. derart, dass ausser der Elektrizität wohl kein neueres Hülfsmittel in ähnlicher Weise zur Entwickelung der Technik und des allgemeinen Fortschrittes beiträgt, und übertreibe ich daher auch nicht, wenn ich sowohl für das Prinzip der Vorwärmung, sowie für das eng damit verbundene spezielle Vorwärmungs-Verfahren eine der Elektrizität ebenbürtige kulturelle Wichtigkeit in Anspruch nehme.

Die besondere Verwendbarkeit namentlich der hoch erhitzten Luft beruht zunächst auf deren ausserordentlicher Fähigkeit, in diesem Zustande chemische Verbindungen einzugehen, d. h. zu verbrennen. In allen solchen Fällen, wo die kalte Luft nur sehr geringe Disposition zeigt, den Verbrennungsprozess zu unterhalten, steigt diese Disposition mit dem Grade der Erhitzung der Luft, und zwar derart, dass der günstigste Erhitzungsgrad selbst mit den jetzt zur Verfügung stehenden vervollkommneten Mitteln noch unerreichbar erscheint. Da mit der erhöhten Disposition der heissen Luft zur Verbrennung auch die Vollkommenheit des Verbrennungsprozesses zunimmt, so ist es ganz erklärlich, dass durch geeignete Anwendung von erhitzter Luft nicht nur die Bildung von Rauch und Russ verhindert und Geruchzerstörung bewirkt wird, sondern auch hervorragend günstige ökonomische Resultate und namentlich grosse Heizeffekte erzielt werden, die ihre Begrenzung nur in der Widerstandsfähigkeit des zur Verwendung gelangenden feuerfesten Materiales finden.

Als drastische Illustration zur Bestätigung dieser Thatsachen, also der eigenthümlichen Wirkungsweise der überhitzten Luft dient kein Apparat besser, als der von mir konstruirte, hier betriebsfähig ausgestellte

„Leichenverbrennungsofen."

Aus diesem Grunde, und weil derselbe das Vorwärmungsprinzip in der einfachsten Weise darstellend auch voraussichtlich das Hauptinteresse der Anwesenden in Anspruch nehmen dürfte, will ich den praktischen Theil meines Vortrages mit der Beschreibung genannter Anlage beginnen.

Der im Ausstellungsparke im eigenen Pavillon erbaute complette Verbrennungsapparat meines Systems besteht aus dem Gaserzeuger, dem eigentlichen Verbrennungsofen, den nachstehende Figuren 1 u. 2 darstellen, und dem Schornsteine, der sich in der Nähe meines Pavillons am Kesselhause befindet. Die Verbindung zwischen Gaserzeuger und Ofen bildet der Gaskanal, zwischen Ofen und Schornstein der Schornsteinkanal.

Die Anordnung ist hier derart getroffen, dass der eigentliche Verbrennungs-Apparat sich im Erdgeschoss befindet. Im ersten Stock ist eine zweckentsprechend dekorirte Halle hergestellt, in welcher ein mit Versenkung ausgestatteter Katafalk placirt ist; derselbe entzieht den darunter befindlichen Ofen mit dem zum Einbringen des Verbrennungsobjektes besonders konstruirten Wagen dem Anblicke der in der oberen Halle befindlichen Personen.

Ich unterlasse, eine Beschreibung des Gaserzeugers zu geben, weil ich dessen Einrichtung als bekannt voraussetze und weil dieselbe je nach dem zur Verwendung gelangenden Brennmateriale verschiedenartig ausgeführt wird. Der bei der hiesigen Anlage benutzte ist ein kleiner Schachtgaserzeuger für böhmische Braunkohle.

Das erzeugte Heizgas besteht je nach dem Brennmateriale in der Hauptsache aus Kohlenoxyd, Stickstoff, schweren und leichten Kohlenwasserstoffen, Wasserstoff und Wasserdampf neben geringen Mengen von Kohlensäure, schwefeliger Säure u. s. w.

Der eigentliche Ofen wird, wie die Abbildung erkennen lässt, gebildet durch den Vorwärmer, die obere Verbrennungskammer mit dem Thonroste und den darunter liegenden Aschenraum.

Der Vorwärmer besteht aus einer mit entsprechenden Ein- und Austrittsöffnungen versehenen, aus feuerfesten Ziegeln gemauerten Kammer, welche derartig mit eben solchen Ziegeln ausgesetzt ist, dass neben einer grossen freien Ziegeloberfläche zahlreiche Passagen für hindurchziehende Flamme, Gase oder Luft gebildet werden. Die Ziegelmassen nehmen die Hitze der durchstreichenden

Flammen bezw. Verbrennungsgase auf, um sie später wieder an die denselben Weg nehmende Luft, je nach den verschiedenen Stadien des Verbrennungsprozesses abzugeben.

Ofen zur Feuerbestattung vermittelst erhitzter Luft.

(System Friedrich Siemens).

Fig. 1.

Fig. 2.

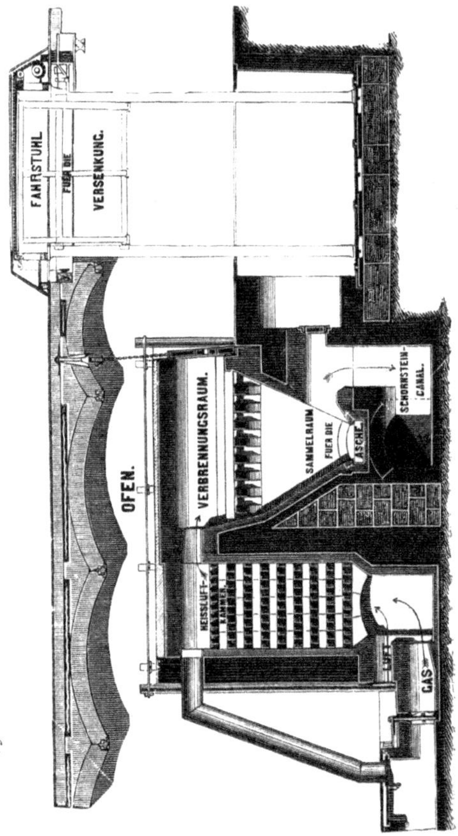

Die Wirkung des Lufterhitzers ist der eines Regenerators bei dem vollkommenen Regenerativ-Systeme mit Zugumkehr sehr ähnlich; er wird daher auch häufig mit dem Namen „Regenerator“ bezeichnet, den auch ich für die Folge festhalten will.

Die Verbrennungskammer mit dem horizontalen Roste ist ebenfalls in feuerfestem Material ausgeführt. Durch die an der Stirnseite befindliche Thüre wird die zu verbrennende Leiche eingebracht.

Der unter der Verbrennungskammer befindliche Aschenraum ist nach unten trichterförmig verengt, so dass die Asche in das am tiefsten Punkte des Trichters befindliche, zu deren Sammlung bestimmte Gefäss fallen muss. Aus dem Aschenraume führt ein Verbindungskanal nach dem Schornsteine.

Der Verbrennungsprozess geht folgendermassen vor sich:

Nachdem der Gaserzeuger mit Brennmaterial gefüllt und die Gasentwickelung eingeleitet worden ist, strömt das Gas durch ein Regulirungsventil und den Gaskanal in den unteren Theil des Regenerators, wo dasselbe mit der durch ein zweites Ventil einströmenden atmosphärischen Luft verbrennt. Die so gebildete Flamme durchstreicht von unten nach oben den Regenerator und giebt die gesammte Hitze an die, die Kammer füllenden Ziegelmassen und die Kammerwände ab. Die abziehenden Verbrennungsprodukte entweichen durch obere Oeffnungen, passiren in fast abgekühltem Zustande zunächst die Verbrennungskammer, dann den darunter liegenden Thonrost sowie den Aschenfall, und gelangen durch den von letzterem abgehenden, mit einem Regulirungsschieber versehenen Schornsteinkanal in die Esse.

Nach einigen Stunden, je nach der Stärke des Feuers, ist der Regenerator genügend erhitzt und kann, wenn derselbe seiner ganzen Länge nach hellroth, und die Verbrennungskammer schwach rothwarm geworden ist, die Verbrennung des Körpers beginnen.

Nachdem das Verbrennungsobjekt durch die Versenkung aus der Halle herabgelassen, und erstere durch einen dem Publikum unsichtbaren Mechanismus geschlossen worden ist, wird die Thüre des Verbrennungsraumes geöffnet, der Körper mit oder ohne Sarg vermittelst des besonders konstruirten Einführungsmechanismus in die Verbrennungskammer gelegt, und diese wieder geschlossen. Eine Berührung des Sarges oder der Leiche von Unberufenen nach dem Herablassen ist somit unmöglich gemacht.

Nachdem man den Apparat noch kurze Zeit in oben beschriebener Thätigkeit belassen hat, schliesst man, entsprechend der Grösse und Beschaffenheit des Körpers etwas früher oder später das Gasventil und damit den Gaszufluss ab, während man das Luftventil ganz öffnet. Es kann dann atmosphärische Luft in fast ungehindertem Maasse in den Regenerator eintreten. Diese Luft erwärmt sich bis zur Temperatur der den Regenerator füllenden Ziegelmasse, also unter Umständen bis zur Weissgluth, und trifft in diesem Zustande das Verbrennungsobjekt, wodurch eine rasche und vollständige Verbrennung desselben bewirkt wird. Da letzteres auf dem Roste liegt, und die erhitzte Luft dasselbe von oben nach unten umspülen bezw. durchstreichen muss, so kommt jeder Theil desselben mit der heissen Luft in gehörige Berührung und wird daher vollkommen verbrannt. Da ferner Luft im Ueberschusse vorhanden ist, so können sich bei richtiger Regulirung des ganzen Apparates übelriechende Gase nicht entwickeln.

Die Zugverhältnisse des Ofens sind derart zu reguliren, dass durch die Thüren oder durch etwa vorhandene Undichtheiten im Mauerwerke, Verbrennungsgase nicht entweichen können, vielmehr nur Luft von aussen angesaugt wird, welche mit den Verbrennungsprodukten und der überschüssigen heissen Luft durch den Aschenraum und Schornsteinkanal nach dem Schornsteine abzieht.

Die vollständige Verbrennung einer menschlichen Leiche vollzieht sich in etwa $1^1/_4$ Stunde. Durch eine kleine Oeffnung in der zum Verbrennungsraume führenden Thür kann der Verlauf des Prozesses beobachtet und nach Bedürfniss regulirt werden. Ist die Verbrennung beendet, so werden Gas- und Luftventil sowie der Schornsteinschieber in ihre frühere Stellung gebracht, das Gefäss mit der Asche herausgenommen und diese dann in demselben oder in einer Urne beigesetzt. Da die Knochen in kleine Stückchen zerfallen, und die Roststäbe nach oben zugeschärft sind, können auf denselben Ueberreste nicht liegen bleiben; diese müssen in das genannte Sammelgefäss fallen, welches nach dem Herausnehmen durch ein neues ersetzt wird.

Während der Zeit des Herausnehmens der Asche und der Vorbereitung für eine neue Verbrennung wird der Vorwärmer wieder hinreichend aufgeheizt, so dass nur etwa halbstündige Pausen zwischen den einzelnen Verbrennungen nöthig werden. Die im Ofen vorhandene Temperatur beträgt etwa 800° Celsius.

Die Bedingungen, welche meiner Ansicht nach von einem vollkommenen Feuerbestattungsapparate zu erfüllen sind, bestehen darin, dass:

1. die Verbrennung rasch vor sich geht;
2. dass dieselbe sicher und vollständig ist und nicht etwa nur ein Halbverbrennen oder Verkohlen stattfindet;
3. dass der Prozess in dezenter Weise und nur in besonderen, ausschliesslich für die Verbrennung menschlicher Leichen bestimmten Oefen vollzogen werde;
4. dass dabei keine die Umgebung belästigenden Verbrennungs-Produkte, übelriechende Dämpfe u. s. w. gebildet werden;
5. dass die Asche unvermischt erhalten wird, rein und weisslich aussieht, und das Sammeln derselben leicht und rasch ausführbar ist;
6. dass der ganze Apparat, wie auch die Verbrennung selbst, möglichst billig ist, und
7. dass ohne längere Unterbrechung und mit möglichst geringem Kostenaufwande mehrere Verbrennungen hintereinander stattfinden können.

Diese Ansprüche wurden auch vom ersten europäischen Kongress der Freunde der Feuerbestattung an einen vollkommenen Feuerbestattungs-Apparat gestellt. Es genügt die Erfüllung derselben jedenfalls allen ästhetischen und zivilrechtlichen Anforderungen, die man an einen solchen Apparat überhaupt stellen kann.

Gestützt auf die anerkannt vorzüglichen Resultate vielfacher Verbrennungen von Thierkadavern und menschlichen Leichen in meinem Ofen glaube ich behaupten zu können, dass obige Bedingungen durch diesen Apparat vollständig erfüllt werden, und dass derselbe hierin von keinem der bisher bekannt gewordenen Systeme auch nur annähernd erreicht worden ist.

Die vollkommene rauch- und geruchlose Verbrennung des 60—70 Prozent Wasser enthaltenden thierischen Organismus in verhältnissmässig kurzer Zeit ohne Hinzufügung von anderem Brennmateriale und unter Zurücklassung von weisser unverbrennbarer Asche, ist ausschliesslich der zersetzenden Wirkung der im Regenerator hoch erhitzten Brennluft zuzuschreiben. Die Ursache dieser eigenthümlichen Leistung der heissen Luft, in einem Falle, wo kalte Luft bekanntermaassen ganz unanwendbar wäre, liegt einestheils, wie bereits gesagt, in der grossen chemischen Affinität der erhitzten Luft zu den im Verbrennungsobjekt enthaltenen brennbaren Stoffen, wie Kohle und Wasserstoff, dann aber auch in dem im Regenerator aufgespeicherten Wärmevorrathe, der allmälig an die Brennluft abgegeben wird. Dadurch ist es möglich, die nöthige Verbrennungstemperatur, trotz des grossen Wärmeverlustes, der durch Verdampfung des im Körper enthaltenen Wassers bedingt ist, zu unterhalten.

Der grosse Gehalt an Wasser, theils frei, theils chemisch gebunden, welcher allen organischen Körpern eigenthümlich ist, bildet die Hauptursache der mehr oder weniger schweren Verbrennbarkeit derselben. Darum muss z. B. Holz vor dem Verbrennen erst getrocknet werden, um den gehörigen Nutzeffekt geben zu können. Ebenso steht es mit Torf, Braunkohle und anderen Brennstoffen organischen Ursprungs. Jede Vorbereitung obiger Art könnte erspart werden, wenn man mit Zuhülfenahme heisser Luft verbrennen würde. Frisch gestochener Torf mit einem Wassergehalte von etwa 60 Prozent, der in kalter Luft absolut nicht brennt, giebt in gehörig erhitzter Luft eine helle Flamme.

Mein eben beschriebener Leichenverbrennungsofen bildet demnach nur die besondere Anwendung eines für viele andere nützliche Zwecke dienenden Verfahrens. Ebenso wie Leichen und thierische Körper in erhitzter Luft vollkommen verbrannt werden, kann man auch organische Abfallprodukte fast aller Art mit gleichem Erfolge in ähnlich eingerichteten Oefen rauch- und geruchlos zerstören. Auch Fäkalmassen einer Anstalt oder ganzen Stadt lassen sich auf diese Weise zerstören, sobald man davon absieht, diese Stoffe als Dünger oder anderweitig in flüssiger Form noch zu verwenden. Die erhaltene Asche ist meist ein als Düngemittel oder zu anderen Zwecken verwendbares Material, jedenfalls aber gesundheitsunschädlich und nicht der Träger von Infektionsstoffen, wie der Rohstoff, aus dem sie entstanden ist.

Der Kohlenverbrauch würde sich in diesen Fällen, wie schon angedeutet, in der Hauptsache auf das Anheizen des Ofens beschränken, weil bei einem kontinuirlich eingerichteten Betriebe die in der zu zerstörenden organischen Masse enthaltenen Brennstoffe vollkommen zur Unterhaltung der Verbrennung und folglich auch zur Erhitzung der Regeneratoren ausreichen. Allerdings muss der Ofen, wenn für besondere Zwecke bestimmt, auch dementsprechend konstruirt werden; in der That lässt sich derselbe, ohne das zu Grunde liegende Prinzip zu verlassen, vielseitig variiren und den verschiedensten Erfordernissen anpassen.

In Figur 3 ist ein

Kehrichtverbrennungsofen mit rotirender Brennkammer

dargestellt.

Der Ofen besteht aus einem Regenerativ-Heissluftapparate mit kontinuirlichem Betriebe, d. h. statt des bei

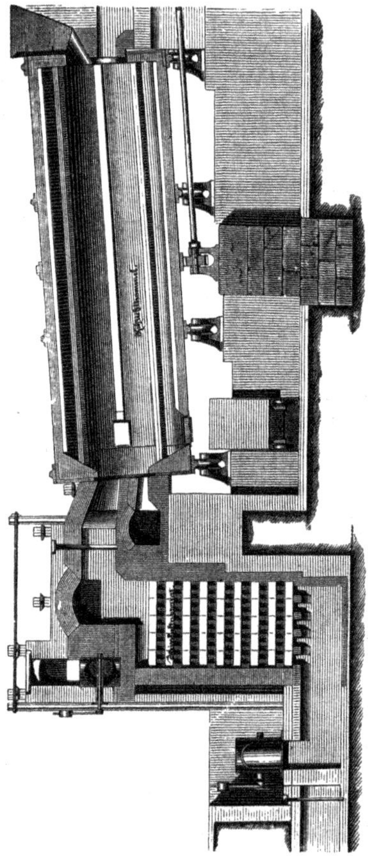

Fig. 3.
Kehricht-Verbrennungsofen mit rotirender Brennkammer und Friedrich Siemens'schem Regenerativ-Heissluft-Apparate.

dem vorher beschriebenen Leichenofen vorhandenen einzelnen Regenerators ist hier ein Paar Regeneratoren angeordnet, die ähnlich einem vollständigen Regenerativ-Gasofen, dessen Konstruktion ich später erläutern werde, derart eingerichtet sind, dass, wenn ein Regenerator die vorher aufgespeicherte Wärme an die Luft abgiebt, also abkühlt, der andere aufgeheizt wird. Durch Umstellen einer sogenannten Wechselklappe ändert man die Zugrichtungen im Apparate, so dass in diesem Momente die

Fig. 4.
Mechanischer Röstofen
mit Friedrich Siemens'schem Regenerativ-Heissluft-Apparate.

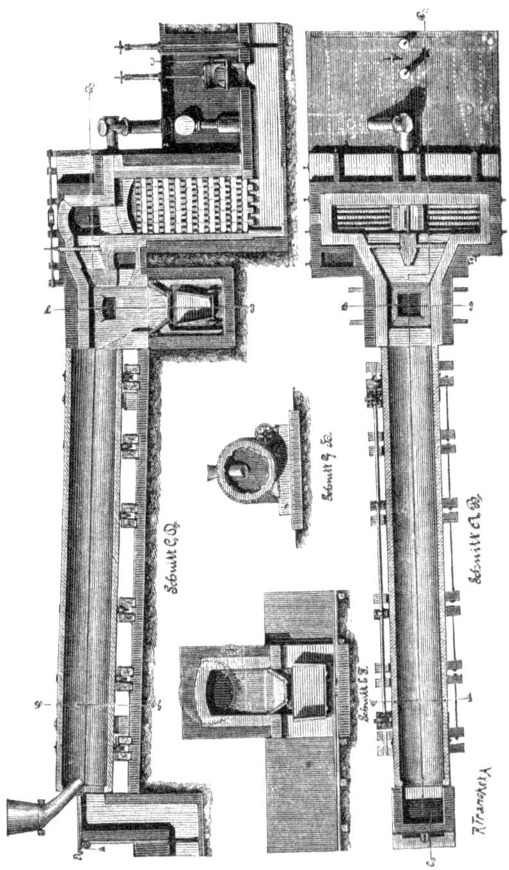

Regeneratoren ihre Funktionen vertauschen, d. h. der aufgeheizte von der ankommenden Luft durchzogen, also abgekühlt, und der andere von direkter Flamme aufgeheizt wird. An diesen Heissluftapparat schliesst sich eine geneigte, durch mechanische Hülfsmittel bewegte eiserne mit feuerfestem Materiale ausgefütterte Trommel an, welche die Brennkammer bildet. An dem oberen Ende dieser Trommel, wo sich der Abzug nach dem Schornsteine befindet, wird das Kehricht eingebracht. Durch in der Trommel angeordnete, in der Längsachsenrichtung liegende, vorspringende Rippen wird das zu verbrennende Material durch Drehung gehoben und fällt dann wieder zu Boden. Es macht so einen schraubenlinigen Weg nach dem unteren, tiefer liegenden Trommelende und kommt auf diesem Wege mit der in entgegengesetzter Richtung strömenden heissen Luft allseitig und wiederholt in Berührung, wird also vollkommen verbrannt. Am niederen Trommelende, unter der Einmündung des Heissluftapparates, werden die nunmehr gesundheitsunschädlichen Rückstände durch eine entsprechende Vorrichtung entfernt. Die spezielle Form des Ofens mit rotirender Brennkammer lässt sich auch vortheilhaft als

Röstofen,

wie ihn Figur 4 darstellt, verwenden. Es sind natürlich in solchen Fällen die für andere Zwecke erforderlichen Konstruktionsänderungen zu treffen.

Ich will an dieser Stelle noch einen Apparat beschreiben, wie ich ihn zur Erzeugung von Strömen anderer hoch erhitzter Gase, z. B. von überhitztem Wasserdampf, Brenngas u. s w. konstruirt habe; es ist dies ein

Regenerativ-Gasofen mit Parallelkammern,

wie er in Figur 5 in vier Schnitten dargestellt ist. Allerdings erscheint dessen Einrichtung etwas komplizirter, seine Entwickelung aus den vorher beschriebenen Heissluft-Apparaten aber zeigt, dass das angewendete Verfahren ebenso einfach bleibt.

Bei dem Leichen-Verbrennungsofen wurde, den Verhältnissen angemessen, **ein** Heissluftapparat mit nur **einem** Regenerator und **ohne** Zugumkehr angewendet; dieses Arrangement gestattet nur periodischen Betrieb. Durch Anwendung eines **Paares** Regeneratoren und der durch eine Wechselklappe vermittelten

Fig. 5.

Regenerativ-Gasofen mit Parallelkammern.

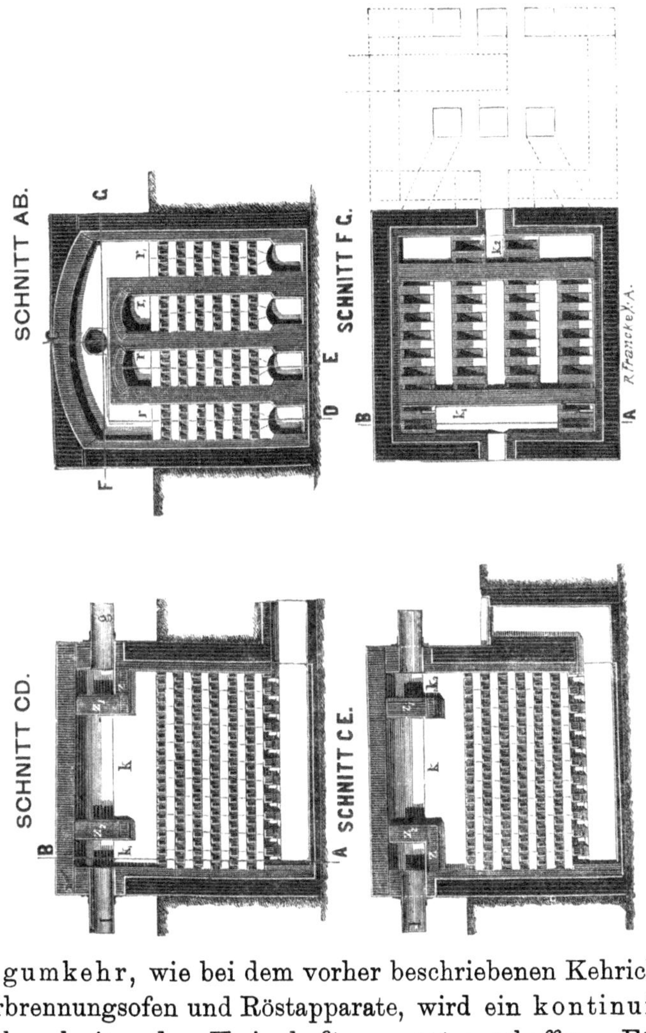

Zugumkehr, wie bei dem vorher beschriebenen Kehrichtverbrennungsofen und Röstapparate, wird ein kontinuirlich arbeitender Heissluftapparat geschaffen. Fügt man diesem einen Paar Regeneratoren noch ein zweites Paar nebst Wechselventil hinzu und trägt für eine entsprechende Theilung der oberen Verbindungskammer derselben Sorge, so kann man gleichzeitig neben einem Strome hoch erhitzter Luft noch einen heissen Strom einer anderen Gasart erzeugen. Ich beschreibe an der Hand der Figur 5 einen solchen Apparat, welcher gleichzeitig Luft und Schwelgas hoch erhitzen soll.

Schnitt A B zeigt die Anordnung von zwei Regeneratorpaaren *r r* uud r_1 r_1 mit zwei Wechselventilen *v* und v_1, welche die Zugumkehr vermitteln. Alle vier Regeneratoren sind an ihren oberen Enden mit der längsweise dreifach getheilten Kammer *k* in Verbindung. Durch die beiden Scheidewände z_1 und z_2 wird dieser, die Regeneratoren verbindende Raum in die Brennkammer *k* — in der Mitte befindlich —, die Kammer k_1 für die heisse Luft und k_2 für das heisse Brenngas — zu beiden Seiten von *k* liegend — getheilt.

Die Luftregeneratoren sind auf beiden Seiten mit der Brennkammer *k* und ausserdem mit der Luftkammer k_1 in Verbindung, während dieselben nach der Gaskammer k_2 zu durch die die Zwischenwände z_1 und z_2 verlängernden Bögen *z* abgeschlossen sind; dagegen sind die Gasregeneratoren *r r* in gleicher Weise nach der Luftkammer k_1 zu abgeschlossen, während sie mit der Brennkammer *k* und der Gaskammer k_2 in freier Verbindung stehen.

Die Vorgänge der Aufheizung und Abkühlung der Regeneratoren vollziehen sich in früher angegebener Weise nur in zwei Paaren statt in einem.

Bei richtiger Regulirung der Gas- und Luftzuführungsventile, sowie der beiden Schornsteinschieber an dem Gas- und dem Luftwechselventil, wird die heisse Luft durch den Kanal *l* und das heisse Gas durch den Kanal *g* aus den betreffenden Kammern k_1 und k_2 entsprechend abgeführt. Ausserdem hat man nur den Gaserzeuger in Ordnung zu halten und die Wechselventile in regelmässigen Zeitabschnitten umzulegen.

Beabsichtigt man einen kontinuirlichen Strom überhitzten Dampfes zu erzeugen, so braucht man ebenfalls zwei Paar Regeneratoren und zwar ein Paar für die Luft und ein Paar für den Dampf, während man das nöthige Brenngas, wie bei dem einfachen Heisslufterzeugungsofen in die Brennkammer einströmen lässt. Ebenso sind nur zwei Kammern und eine Zwischenwand *z* nöthig, nur muss die Dampfkammer k_1 durch entsprechende Bögen nach den Luftregeneratoren zu abgeschlossen sein. Während also das direkt zugeführte kalte Brenngas sich mit der überhitzten Luft und einem Theile des überhitzten Dampfes in der Brennkammer *k* mischt und die nöthige Heizflamme zur abwechselnden Erwärmung der Regeneratoren bildet, ist die Kammer k_1 nur mit überhitztem Dampf angefüllt, welcher durch einen Dampfkanal, analog dem beschriebenen Luftkanale, zur beliebigen Verwendung fortgeführt werden kann.

Allerdings muss es bei dem Dampf-Erhitzungsapparate als ein Uebelstand betrachtet werden, dass ein Theil des überhitzten Dampfes sich mit dem Feuer in der Brennabtheilung der Parallelkammer *k* mischt. Wenn man aber bedenkt, wie schwierig es sonst ist, überhitzten Dampf in grösseren Quantitäten zu erzeugen, und wie nothwendig derselbe für manche technische Zwecke geworden, so nimmt man diesen Verlust gern mit in den Kauf, zumal das Verfahren immerhin ein einfaches und billiges und der Grad der zu erreichenden Ueberhitzung nur durch die Feuerbeständigkeit des Baumaterials des Ofens begrenzt ist.

Figur 6 zeigt einen

Ofen zur Wiedergewinnung der Soda aus den Laugen und Waschwässern der Holz- und Strohstofffabrikation und zur Pottaschegewinnung aus den Waschwässern der Wollwäschereien.

Für diese Zwecke haben französische Konstruktionen vorwiegend bei uns Eingang gefunden; diese stehen jedoch

Fig. 6.

Laugeneindampf- und Kalzinirofen zur rauch- und geruchlosen Wiedergewinnung der Soda und Pottasche aus Holz- und Strohstofflaugen etc. vermittelst hoch erhitzter Luft. Patent Friedrich Siemens.

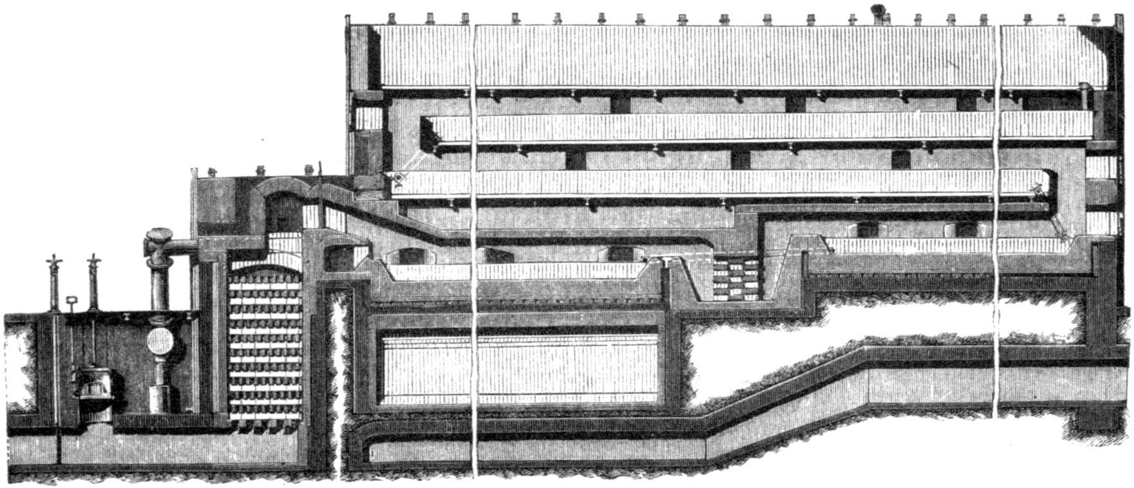

meinem Ofen mit Heissluft-Apparat bezüglich der Anlage- und Unterhaltungskosten, der Leistungsfähigkeit wie Qualität des erzielten Produktes bedeutend nach. Eine beträchtliche Brennmaterial-Ersparniss wird dadurch erzielt, dass die in der Hauptsache gasförmigen übelriechenden Stoffe die von organischen Bestandtheilen der Laugen herrühren, direkt als Brennmaterial Verwendung finden. Vor allem aber arbeitet keiner der bis jetzt bekannten Oefen dieser Art rauch- und geruchlos. In vielen Fällen musste sogar wegen der bei diesen Konstruktionen unzersetzt entweichenden, die Nachbarschaft belästigenden, übelriechenden und gesundheitschädlichen Gase und Dämpfe der Betrieb ganz eingestellt werden.

Der Sodawiedergewinnungsofen mit Heissluftapparat und Gasfeuerung sichert die vollständige Verbrennung und Zersetzung aller auftretenden übelriechenden gesundheitsschädlichen Gase und Dämpfe. Aus diesem Grunde konnten verschiedene Fabriken, die wegen Belästigung der Nachbarschaft den Betrieb einstellen mussten, nach Uebergang zu meiner Konstruktion denselben wieder aufnehmen, ohne die Umgebung in irgend einer Weise zu belästigen oder zu schädigen.

Der Eindampf-Ofen besteht aus einem Systeme etagenförmig angeordneter Pfannen, von denen die oberste das Reservoir, die unterste den Kalzinirraum bildet. Die oberen Abdampfpfannen für die noch dünnflüssige Lauge sind aus Eisenblech hergestellt und nimmt jede fast die ganze Länge des Ofens ein, während die dem Kalzinirraum vorhergehende Pfanne, sowie dieser selbst aus feuerfestem Materiale gemauert und überwölbt sind und je nur etwa die halbe Ofenlänge haben.

Die Verbindung zwischen den einzelnen Pfannen wird durch entsprechend angeordnete, mit Regulirhähnen versehene, gusseiserne Rohre vermittelt. Je nach der Leistungsfähigkeit des Ofens sind nur am Kopfende oder dort und in der Mitte des Kalzinirraumes Heissluft-Apparate angeordnet, unter deren Einmündung sich ausserdem je eine direkte Gaszuströmung befindet. Das hier eintretende Gas wird mit einem Theile der aus dem Heissluft-Apparate kommden hoch erhitzten Luft verbrannt. Man ist dadurch in der Lage, dem Verlaufe des Prozesses entsprechend, mit mehr oder weniger Flamme, bezw. mit einem kleineren oder grösseren Quantum erhitzter Luft arbeiten zu können. Die Flamme oder die heisse Luft bestreichen zunächst die Oberfläche der im Kalzinirraum befindlichen, einzudampfenden und zu kalzinirenden Materialien, gelangen dann mit den Verbrennungsprodukten und Dämpfen gemischt über die Oberfläche der hinter dem Kalzinirraume liegenden zweiten Pfanne unter die dritte, dann, die Oberfläche dieser und Unterfläche der vierten Pfanne gleichzeitig berührend, zwischen das Reservoir und die Oberfläche der vierten Pfanne, um von dort nach dem Schornsteine abzuziehen. Zwischen der Feuerbrücke, am Fussende des Kalzinirraumes und der Feuerbrücke am Anfange der zweiten Pfanne, ist ein mit feuerfesten Steinen ausgesetzter, einem Regenerator ähnlicher Raum eingeschaltet, der sich beim Betriebe in Hellrothgluth befindet. Dort vollzieht sich eine innige Mischung der aus dem Kalzinirraume etwa noch unzersetzt entweichenden schädlichen Gase mit der überschüssigen glühenden Luft und damit die vollständige Zersetzung der ersteren. Um ganz sicher zu gehen, ist noch eine besondere direkte Luftzuführung durch die Feuerbrücke des Kalzinirraumes vorgesehen, die, wenn nöthig, benützt werden kann. Die Lauge lässt man durch die Verbindungsrohre je nach ihrer fortschreitenden Eindickung vom Reservoir abwärts in die tiefer liegenden Pfannen laufen, bis sie bereits dickflüssig in den Kalzinirraum gelangt. Hier vollzieht sich die vollkommene Eindickung und der Kalzinirungsprozess, welcher unter konstantem Umrühren und unter Zuführung der grösstmöglichen Menge glühender Luft, soweit dies nöthig, durchgeführt wird. Unter dem Kalzinirraume ist eine Anzahl Kammern angebracht, in welche das gewonnene Produkt, ohne in den Arbeitsraum ausserhalb des Ofens zu gelangen, durch Rutschen hindurch, die während des Kalzinirungsprozesses verschlossen sind, gedrückt wird. In diesen Kammern wird der Kalzinirungsprozess durch ein von selbst eintretendes Ausglühen erst vollständig zu Ende geführt; die dazu nöthige Luft tritt durch Oeffnungen in den Thüren der Glühkammer ein, aus denen später die ausgekühlte, nunmehr vollkommen kalzinirte Roh-Soda entnommen und der Stoff-Fabrikation wieder zugeführt wird. Der Umstand, dass sich auch das Nachglühen der im Ofen gewonnenen Soda innerhalb desselben vollzieht und die dabei entwickelten gasförmigen Produkte den heissen Ofen nochmals passiren müssen, sichert vollkommene Geruchlosigkeit auch für das Nachglühen.

Das geruchlose Funktioniren des Apparates ist vielfältig von den Behörden anerkannt, so z. B. unter andern in Hainsberg bei Dresden, wo ein solcher Ofen zur Sodagewinnung aus den Strohstofflaugen der dortigen grossen Aktien-Papierfabrik im Betriebe ist. Alle dort früher angestellten Versuche, welche bezweckten, die Eindampfung auf andere Weise vorzunehmen, scheiterten an dem Einspruche der Nachbarn und zuständigen Behörden.

Auch diese Form des Heissluftofens dürfte vielfältig anderweite vortheilhafte Anwendung finden, sowohl für hygienische als allgemein technische Zwecke.

Eine sehr nahe liegende Verwendung würde z. B. die Eindampfung flüssiger Fäkalmassen vermittelst eines mit Heissluftapparat ausgestatteten derartigen Ofens sein. Bedenkt man die immerhin komplizirten maschinellen Hülfsmittel, welche Verfahren zu gleichem Zwecke, wie das Liernur'sche, Michel'sche, (Paris) u. s. w. erfordern, so springen die Vortheile des Abdampfens vermittelst heisser Luft, welche zu einem beträchtlichen Theile durch die aus der verdampfenden Flüssigkeit entwickelten Brenngase erhitzt wird, sofort in die Augen.

Auch gegenüber anderen Verfahren, die eine Eindampfung bezw. Desinfizirung von Fäkalmassen durch Rauchgase oder direkten Dampf beabsichtigen, hat die Eindampfung mit hoch erhitzter Luft den unbestrittenen Vortheil, dass ein Vorhandensein von Krankheitsträgern in den Rückständen absolut ausgeschlossen ist. Auch die Kosten der Eindampfung im Vakuum oder nach dem später genannten Verfahren dürften sich beträchtlich höher stellen, als in einem Eindampfofen mit Oberflächenfeuerung und Regenerativ-Heissluftapparat.

Als Hülfsapparat könnte sich diese Einrichtung sehr zweckmässig auf den Rieselfeldern erweisen. Ich will nicht so weit gehen, zu behaupten, dass alles Rieselwasser auf diese Weise eingedampft werden könnte; nur zu gewissen Zeiten, wo gar keine Verwendung für das Rieselwasser vorliegt, würde dasselbe mit Hülfe eines solchen Heissluft-Eindampfapparates nicht nur eingedampft, sondern auch nach Belieben bis auf den Aschenrückstand vertilgt werden können.

Das Verfahren zur Ueberführung des Stickstoffs organischer Substanzen in Ammoniak von Hubert Grouven in Leipzig, das als Methode zur Stickstoffbestimmung im Laboratorium die besten Resultate ergeben hat, beruht auf der Verwendung überhitzten Wasserdampfes, der mit der hoch erhitzten Luft die Eigenschaft theilt, bei genügender Temperatur jede organische Substanz rasch und vollständig zu veraschen. Ohne Zweifel werden mit der Zeit die Schwierigkeiten überwunden werden, die sich jetzt noch der Uebertragung dieses Verfahrens auf die Ammoniakgewinnung im Grossen aus Haaren, Wolle, Leder, Leim und anderen Abfällen entgegenstellen und dann gewinnt dieser Grouven'sche Prozess eine grosse industrielle Bedeutung, namentlich wenn es gelingen sollte, Torf und ähnliche Substanzen zur Ammoniakbereitung nutzbar zu machen.

Es würde zu weit führen, noch mehrere derartige Beispiele aufzuzählen oder andere ähnliche Einrichtungen zu beschreiben; deren giebt es noch eine grosse Anzahl. Das Gesagte genügt aber jedenfalls, um klar zu machen, welche ökonomischen und zugleich praktisch erfolgreichen Einrichtungen für genannte und andere hygienische Zwecke mit entsprechender Verwendung hoch erhitzter Luft erreichbar sind.

Ich will nur noch einige vorzugsweise allgemein technischen Zwecken dienende Apparate beschreiben, deren Wirkung auf Anwendung hoch erhitzter Luft beruht.

Dahin gehört zu allernächst der eingangs erwähnte Siemen's'sche Regenerativofen mit oder ohne Gasfeuerung. Da die mit direkter Feuerung betriebenen Oefen verhältnissmässig nur wenig Anwendung gefunden haben, so beschreibe ich nur den **Regenerativ-Gasofen,** wie derselbe neuerdings z. B. als

Schweiss- oder Glühofen

in der Eisenindustrie vielfach zur Anwendung kommt.

Fig. 7 stellt einen solchen Ofen dar.

Die leitende Idee des Regenerativsystemes ist die Nutzbarmachung der den Verbrennungsprodukten bezw. der aus dem Arbeitsraume des Ofens etwa noch abziehenden Flamme innewohnenden Wärme zur Vorwärmung von Brennluft und Brenngas. Charakteristisch ist, dass dabei der erreichte Wärmeeffekt an den Verbrennungsort gebunden bleibt und ausschliesslich zu obigem Zwecke benutzt wird. Sollen Brennluft und Brenngas vor ihrer Verbrennung durch die den abziehenden Verbrennungsprodukten innewohnende Wärme erhitzt werden, so müssen sie nothwendigerweise denselben Weg machen wie erstere, nur in entgegengesetzter Richtung. Um diesen Wärmeaustausch in vollkommenster Weise zu ermöglichen, dienen die früher mehrfach erwähnten Regeneratoren, aus feuerfestem Materiale hergestellte Kammern, die mit einem Netzwerke ebensolcher Steine ausgesetzt sind. An diese Steine geben die abziehenden heissen Gase ihre Wärme ab und gelangen verhältnissmässig kalt in den Schornstein. Solcher Regeneratoren sind vier vorhanden, zwei für Gas und zwei für Luft. Es arbeitet immer ein Paar für Luft und Gas

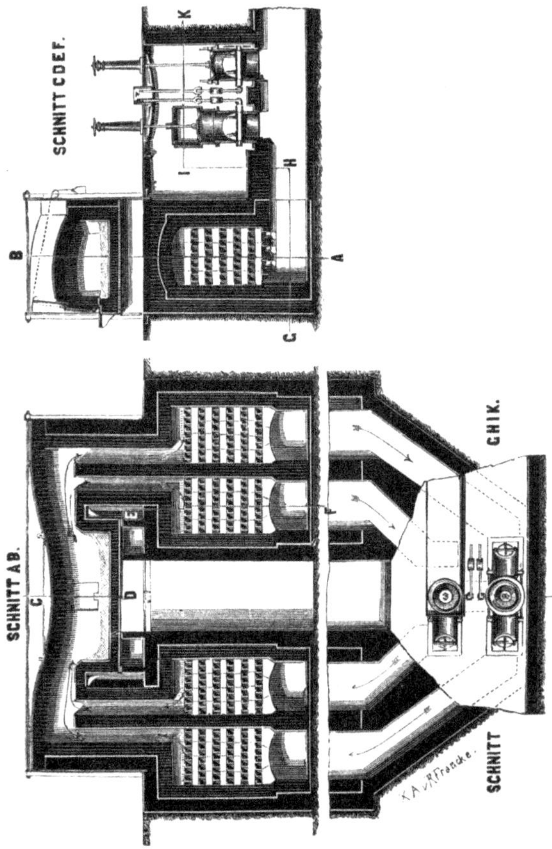

Fig. 7.
Schweiss-Ofen mit Regenerativ-Gasfeuerung.

zusammen und zwar in gleicher Richtung. Aus dem Vorstehenden ist es ersichtlich, dass irgend ein Mittel vorhanden sein muss, um die Zugumkehr zu bewirken. Dazu dienen die Wechselklappen, eine für beide Luft-, und eine für beide Gasregeneratoren. Die Wechselklappen sind eiserne

Gehäuse, mit vier Passagen, in denen ein schwingender Flügel der Brennluft und dem Brenngase durch das eine Paar Regeneratoren den richtigen Weg nach dem Verbrennungsorte und von dort den abziehenden Verbrennungsprodukten, durch das andere Paar Regeneratoren nach dem Schornsteine anweist. In Figur 7 sind diese Wege mit Pfeilen bezeichnet. Durch einfaches Umlegen des Wechselklappen-Flügels kehren sich die Zugverhältnisse des Ofens um. So wird abwechselnd ein Paar Regeneratoren aufgeheizt, während das andere abgekühlt wird. Luft und Gas nehmen also, ehe sie zur Verbrennung kommen, bereits eine sehr hohe Temperatur an, wodurch der Heizeffekt bis zu der praktisch erreichbaren Grenze gesteigert werden kann.

Die Hauptvorzüge des Siemens Regenerativsystems sind:

1. Ersparniss an Brennmaterial je nach besonderen Umständen bis zu 75 % in quantitativer Beziehung. Durch die Verwendbarkeit der geringstwerthigen Sorten von Brennmaterial, wie Braunkohle, Lignit, Torf und Holz von geringer Qualität, wie z. B. Knüppel, Wurzeln, Sägespähne wird in vielen Fällen eine Kostenverminderung bis 10 % erzielt.
2. Verfügung über die erreichbar höchste Hitze, ohne starken Zug im Schornsteine vermöge des angewendeten Prinzips der Wärmesammlung.
3. Vollständige Reinheit der Flamme, wodurch die in dem Ofen erhitzten Materialien weniger oxydirt und angegriffen werden, also in besserer Qualität hervorgehen.
4. Längere Dauer der Oefen wegen Abwesenheit von Asche und der vollkommen gleichförmig im Ofen vertheilten Hitze.
5. Platzersparniss in den Arbeitsräumen und grosse Reinlichkeit beim Arbeiten, da das Brennmaterial ausserhalb des Arbeitsraumes in Gas verwandelt wird.

6. Verfügung über einen beliebigen Hitzegrad und über die chemische Beschaffenheit der Flamme, die plötzlich gedämpft, oder aus einer reduzirenden in eine oxydirende Flamme verwandelt werden kann, oder umgekehrt; alle metallurgischen Operationen werden auf diese Weise erleichtert und vervollkommnet.
7. Vollständige Abwesenheit von Rauch aus dem Schornsteine.

Bei dem in Figur 7 dargestellten Regenerativ-Schweiss-Ofen älterer Konstruktion sind die Regeneratoren unter demselben angeordnet; die Flammenbildung findet bei der Vereinigung von Luft und Gas über der Regeneratoren-Scheidewand statt, so dass in den eigentlichen tiefer liegenden Arbeitsraum die vollwirkende Flamme eintritt. Die Flamme erhält durch die eigenthümliche Form der Eintrittsöffnung in den Ofen, des sogenannten Fuchses, und des Ofengewölbes selbst eine solche Richtung, dass das Feuer in der Hauptsache auf der Ofensohle, wo sich die zu erhitzenden Objekte befinden, zur Wirkung kommt.

Ausser zu dem beschriebenen Zwecke haben die Regenerativöfen noch zahlreiche vortheilhafte Verwendung gefunden; besonders aber ist hervorzuheben, dass sie das Mittel gewesen sind, um mehrere allgemein bekannte und höchst wichtige hüttenmännische und technische Prozesse überhaupt zu ermöglichen, dass also die Regenerativgasöfen die Grundbedingung der Existenz dieser Prozesse bilden.

Als Hauptbeispiele dieser Art nenne ich: das **Siemens-Martin'sche Stahlverfahren**, das **Siemens'sche Verfahren, aus Schmiedeeisenabfällen und Roh-Erz Stahl zu erzeugen**, den **Siemens-Cowper'schen Regenerativ-Heissluftapparat für Hochofengebläse**, ferner das **Strong'sche Verfahren der Herstellung von Wassergas** durch Einwirkung von überhitztem Wasserdampf auf glühende Kohlen, dann, last not least, meine **kontinuirlichen Glasschmelz-Wannenöfen**.

Schon die gewöhnlichen Regenerativ-Gasöfen haben in der Glasindustrie einen ausserordentlichen Fortschritt bewirkt; die kontinuirlich schmelzenden und kontinuirlich arbeitenden Glaswannen, die auf gleichem Ofenprinzipe beruhen, sind ersichtlich dazu berufen, eine vollständige Umwälzung der ganzen Glasfabrikation herbeizuführen.

Sie ersehen hieraus, in welcher Weise die Regenerativ-Gasöfen, deren vielseitige grosse Leistungsfähigkeit also darauf beruht, dass Brennluft und Brenngas vor ihrer Verbrennung fast bis zur Ofentemperatur vorgewärmt werden, bestimmt sind, die Grundlage zu einer ganzen Anzahl praktischer Verfahren der Technik im Allgemeinen wie speziell der Gesundheitstechnik zu bilden; auch wird die Ueberzeugung begründet sein, dass diesem Ofensysteme noch eine grosse Zukunft vorbehalten bleibt.

Ich will mehr Spezialitäten nicht aufzählen, aber doch noch einer Anwendung der hoch erhitzten Luft auf hygienischem Gebiete gedenken, welche ebenfalls unübertroffene Resultate ergiebt, nämlich der Mittel, welche hoch erhitzte Luft bietet, um nebst einer verbesserten Beleuchtung eine zweckmässige und ausgiebige Ventilation zu erzeugen.

Um dies klar zu machen, beschreibe ich zunächst kurz meinen Regenerativ-Gasbeleuchtungsapparat, wie Sie denselben hier auf der Ausstellung im Wetteifer mit dem elektrischen Lichte funktioniren sehen.

Der auf der nächsten Seite in Figur 8 dargestellte Regenerativ-Gasbrenner besteht im Wesentlichen aus drei konzentrischen Kammern von Gusseisen oder Bronze. Das Gas wird durch ein vertikales Rohr in eine ringförmige Kammer eingeführt, wo es seine Spannung bis auf ein Minimum verliert; aus dieser Kammer tritt es in einen ebenfalls ringförmigen Brenner, welcher aus einer Reihe einzelner vertikaler Rohre *r* besteht, deren Durchmesser und Vertheilung von der Qualität des zu verbrennenden Leuchtgases abhängt. Bei dem Verlassen dieser Rohre

Fig. 8.

Friedrich Siemens' Regenerativ-Gasbrenner.

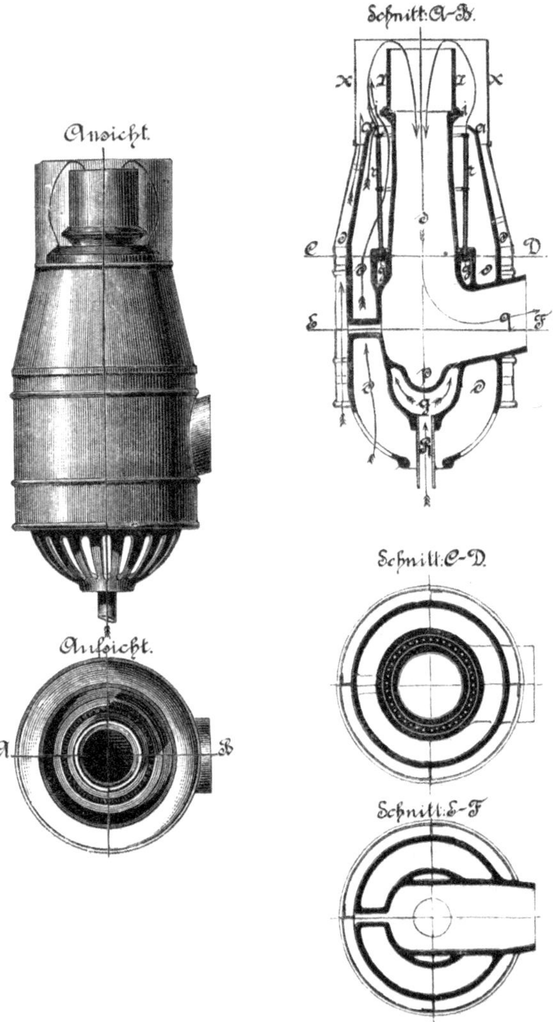

mischt sich das Gas mit der Verbrennungsluft, die während ihres Aufsteigens auf dem mit Pfeilen bezeichneten Wege, die äusseren Regeneratorkammern passirend, durch Berührung mit den Wänden des innersten zentralen Raumes *c* erhitzt worden ist. Die Verbrennung vollzieht sich am Ende der Rohre *r* und die leuchtende Flamme, die durch Aneinanderreihung der einzelnen kleinen aus den Röhrchen kommenden Gasströme ausserhalb eines Zylinders *Z* aus feuerfestem Materiale gebildet wird, erhebt sich zunächst, dann kehrt sie um, durch einen hier seitwärts, bei grösseren Brennern zentral aus der innersten Kammer *c* abführenden Schornstein dazu genöthigt; die Wandungen derselben werden theils durch Ausstrahlung und Rückleitung der Flammenwärme im Materiale des Brenners, in der Hauptsache aber durch die Wärme der im Brenner gesammelten, von oben nach unten abziehenden Verbrennungsprodukte auf eine hohe Temperatur gebracht. Die in entgegengesetzter Richtung, von unten nach oben, hinzutretende Verbrennungsluft erhitzt sich in den äusseren ringförmigen Kammern durch Berührung der Wände derselben auf gleiche Temperatur (ca. 500—600° C.), ehe sie am oberen Ende der Röhrchen *r* mit dem ebenfalls vorgewärmten Gase zusammentrifft.

Eine am Austritte der Luft aussen angebrachte Leitfläche giebt dieser eine entsprechende Richtung. Ein ähnliches Arrangement ist innen über der ersten Leitfläche angebracht, derart, dass sich Luft und Gas innerhalb des von den beiden Leitflächen begrenzten ringförmigen Raumes in entsprechender Weise mischen. Als Mittel, um den Effekt zu steigern, ist also ein Theil der von der Leuchtflamme ausgestrahlten, in der Hauptsache aber die an ihre Verbrennungsprodukte gebundene Wärme zur Vorwärmung von Luft und Gas benutzt, ehe diese zur Verbrennung gelangen. Die Vorwärmung von Luft und Gas steigert bekanntlich die Flammentemperatur; damit erreicht man den Vortheil einer bedeutend vermehrten Lichtproduktion aus einer gegebenen Gasmenge und erzielt schöneres, weisses, stetiges Licht. Das charakteristische Zeichen meiner Regenerativ-Gasbrenner ist wie bei den Regenerativ-Oefen die Zugumkehr, d. h. die Aenderung der Abzugsrichtung der anfänglich aufwärts gerichteten Leuchtflamme von oben nach unten.

Die Leistungsfähigkeit dieser Brenner beruht also auch auf intensiver Erhitzung der Brennluft und können dieselben daher mit vollem Rechte zu der Klasse der früher beschriebenen Apparate gerechnet werden, obgleich ihr Zweck ein total anderer ist. Was den Regenerativ-Gasbrenner aber ausser der vermehrten und schöneren Lichtproduktion, gleichbedeutend mit einer entsprechenden Gasersparniss, besonders auszeichnet, ist der bereits erwähnte Umstand, dass derselbe die Mittel einer höchst wirksamen Ventilation an die Hand giebt, wie dies kein anderer, selbst speziell für Ventilationszwecke konstruirter Apparat zu bieten im Stande ist, da, wie beschrieben, die im Apparate selbst gesammelten und abgekühlten Verbrennungsprodukte vollständig abgeführt werden. Wird schon dadurch eine Ventilation erzielt, dass die Brennluft dem erleuchteten Lokale entnommen und folglich neu von aussen ersetzt werden muss, so ist ausserdem die Möglichkeit geboten, noch eine mehrfach grössere Luftmenge wegzuführen und zu ersetzen, nämlich dadurch, dass man die Wärme der Brenneresse und des Brennerkörpers ausnutzend, beide mit einem Mantel umgiebt, der einen freien konzentrischen Luftraum schafft. Die in diesem Raume befindliche Luft wird erwärmt und bildet daher derselbe eine selbstständige Esse, wodurch je nach deren Querschnitt eine grössere oder geringere Luftzirkulation hervorgerufen wird. Die so abgeführte Zimmerluft vereinigt sich mit den Verbrennungsprodukten der Beleuchtungsflamme und wird gemeinsam mit denselben in eine Hausesse oder direkt ins Freie abgeführt.

Zum Schlusse will ich noch einer Anwendung der

hoch erhitzten Luft gedenken, die neben der Ventilation eine theilweise Lösung unserer Rauch- und Russfrage bezweckt. Ohne Zweifel gewinnt dieselbe namentlich in unseren grösseren Städten entschieden an Bedeutung. Ein beträchtlicher Theil der Rauch- und Russmassen, denen die verschiedensten Belästigungen entstammen, wird von unseren häuslichen Feuerungen erzeugt. Der hier in den Figuren 9 und 10 dargestellte **Gas-Koke-Kamin** meines Bruders Wilhelm in London ist ein rauchfreier Zimmerheizapparat, dessen anerkannt vorzügliche Wirkung auf Anwendung hoch erhitzter Luft beruht.

Figur 9 zeigt einen

Gas-Koke-Kamin,

wie er für Neuanlagen benutzt wird.

Die eiserne Platte *c* ist an eine stabile Kupferplatte *a* genietet, welche die Rückwand des Feuerherdes bekleidet und von dem Kreuzungspunkte aus 250 *mm* auf- und abwärts misst. Die Platte *c* hört etwa 25 *mm* hinter dem unteren Roststabe auf, um für ein Gasrohr *f* von 13 *mm* Durchmesser Raum zu lassen, welches mit Löchern von etwa 1,5 *mm* in Abständen von 40 *mm* längs der Innenseite seiner Oberfläche versehen ist.

Dieses Rohr ruht auf einer unteren Platte *d*, welche nach der Rückseite zu umgebogen ist und so einen anfangs vertikalen und dann horizontalen Kanal von etwa 25 *mm* Weite zwischen den beiden Platten bildet. Eine Fallthür *e*, durch eine Feder gehalten, ist dazu bestimmt, Aschentheile, die etwa in diesen Kanal fallen könnten, zu entfernen.

Der vertikale Theil dieses Kanals wird durch einen Streifen Kupferblech ausgefüllt, der 100 *mm* hoch hin- und wiedergebogen, etwa wie eine Halskrause gefältelt, und an die kupferne Rückwand genietet ist. Kupfer ist ein sehr guter Wärmeleiter, und die Rückwand, vorausgesetzt, dass sie nicht dünner als 7 *mm* ist, bietet einen grosen leiten-

Fig. 9.

Gas-Koke-Kamin.

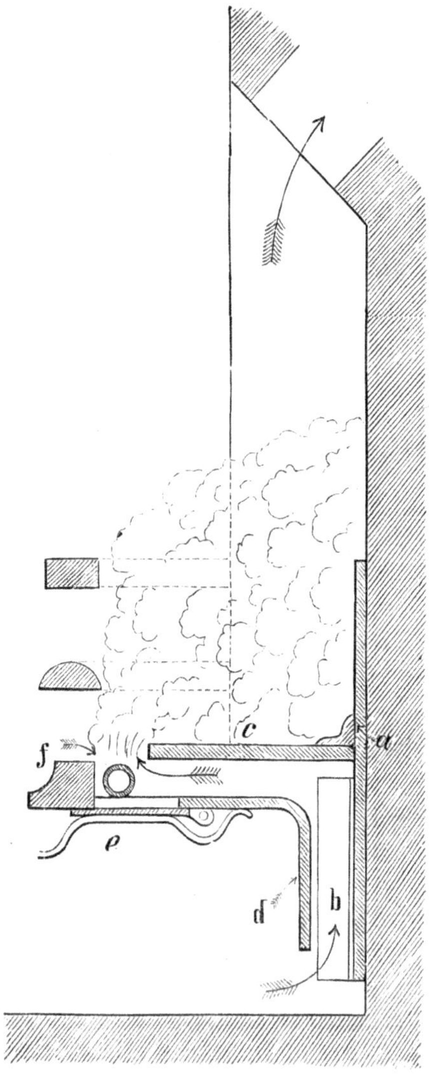

Fig. 9.

Gas-Koke-Kamin.

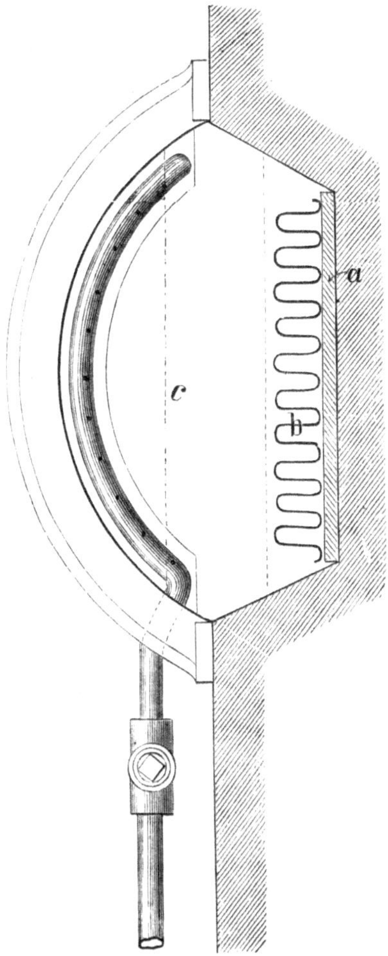

den Querschnitt und überträgt die Hitze der Rückseite des Herdes auf den Kupferstreifen in dem vertikalen Kanale.

Durch diese Wärme wird ein Luftstrom hervorgebracht, der, den horizontalen Kanal längs durchstreichend, auf die Gasflammenreihe trifft und deren Heizkraft bedeutend erhöht. Die durch dies einfache Arrangement der Luft mitgetheilte Hitze ist so gross, dass ein Stück Blei, etwa $^1/_4$ kg. schwer, durch die Fallthür in den Kanal eingebracht, in fünf Minuten schmolz, was das Vorhandensein einer Temperatur von etwa 619° F. = 326°C. beweist. Die Entnahme der Wärme von der Rückseite bietet ausserdem noch den Vortheil, die Verbrennung der Koke dort zu verzögern, sie aber an der Vorderseite des Herdes zu befördern.

Figur 10 stellt ein

Arrangement desselben Apparates

dar, das thunlichst billig im Anschaffungspreise und an bereits bestehenden Kaminen ohne Schwierigkeit anzubringen ist.

Dieser Kamin besteht aus zwei Theilen, die dem vorhandenen Feuerherde nur zugefügt werden, nämlich: 1) dem Gasrohr *d* mit Löchern von etwa 1,5 *mm* Durchmesser und 40 *mm* Abstand längs der oberen, nach innen geneigten Seite und 2) aus einer Winkelplatte *a* von Guss- oder Schmiedeeisen, die mit angegossenen oder angenieteten, von der Vorder- nach der Rückseite laufenden vorstehenden Rippen *b* versehen ist, welche Rippen eine grosse Oberfläche bieten und den doppelten Zweck haben, die Winkelplatte auf den vorhandenen Rost zu stützen, und die heizende Fläche zu bilden, die im ersten Arrangement durch die kupferne Platte und den gebogenen Blechstreifen hergestellt wurde. Da man gegossenes Eisen statt Blech anwendet, so ist es nöthig, die Dicke zu erhöhen, und zwar für die Rückplatte von 7 *mm* auf 16 *mm*.

Das Arrangement kann noch vervollkommnet werden durch Anbringung der gebogenen, gegen den unteren Vorderroststab befestigten Platte, welche die eintretende Luft auf die erhitzten Flächen leitet.

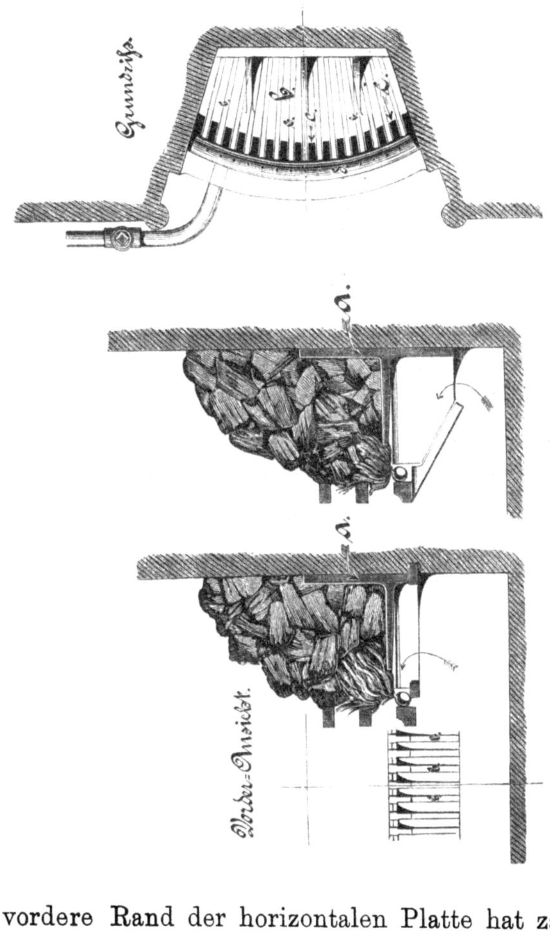

Fig. 10.
Gas-Koke-Kamin.

Der vordere Rand der horizontalen Platte hat zahnförmige Ausschnitte *c*, um ein kleines Gitter zu bilden, durch welches die geringe, auf dem Vordertheile des Herdes durch Verbrennung des Kokes oder Anthracits gebildete Aschenmenge fällt und auf der unteren Schräge nach der Rückseite des Herdes gelangt, wo ein offener Aschenkasten angebracht werden kann, um dieselbe aufzunehmen.

Aus all den zahlreichen angeführten Fällen erhellt wohl zur Genüge, dass meine Eingangs ausgesprochene Behauptung, der geeigneten Lufterhitzung sei eine grosse kulturelle Bedeutung zuzuschreiben, nicht übertrieben war. Die ganze Angelegenheit ist gleich der Elektrizität, mit welcher die erhitzte Luft auf vielen Gebieten konkurrirt, noch in der Anfangsperiode ihrer Entwickelung begriffen. Ich erwarte daher mit grosser Zuversicht, dass die Zukunft noch manche wichtige technische und hygienische, auf Anwendung hoch erhitzter Luft gegründete Verfahren und Apparate zu Tage fördern wird. Es wird dies in dem Maasse der Fall sein, als sich die allgemeine Erkenntniss von der hohen Bedeutung der hoch erhitzten Luft und ihrer Erzeugungsweise in weiteren Kreisen mehr und mehr Bahn bricht. Dass mein Vortrag zur Erreichung dieses Zieles beitragen möge, ist mein aufrichtiger Wunsch.

GPSR Compliance

The European Union's (EU) General Product Safety Regulation (GPSR) is a set of rules that requires consumer products to be safe and our obligations to ensure this.

If you have any concerns about our products, you can contact us on ProductSafety@springernature.com

In case Publisher is established outside the EU, the EU authorized representative is:

Springer Nature Customer Service Center GmbH
Europaplatz 3
69115 Heidelberg, Germany

Batch number: 10682427

Printed by Printforce, the Netherlands